·消防应急科普系列·

燃 烧 与 火 灾

杨玉胜　编

应 急 管 理 出 版 社

·北　京·

图书在版编目（CIP）数据

燃烧与火灾 / 杨玉胜编 . -- 北京：应急管理出版社，2020（2022.11 重印）

（消防应急科普系列）

ISBN 978-7-5020-8075-4

Ⅰ. ①燃…　Ⅱ. ①杨…　Ⅲ. ①火灾—普及读物　Ⅳ. ①X928.7-49

中国版本图书馆 CIP 数据核字（2020）第 073710 号

燃烧与火灾（消防应急科普系列）

编　　者　杨玉胜
责任编辑　尹忠昌　曲光宇
编　　辑　梁晓平
责任校对　孔青青
封面设计　陈　珊
插图设计　卢萌萌

出版发行　应急管理出版社（北京市朝阳区芍药居 35 号　100029）
电　　话　010-84657898（总编室）　010-84657880（读者服务部）
网　　址　www. cciph. com. cn
印　　刷　中煤（北京）印务有限公司
经　　销　全国新华书店

开　　本　880mm × 1230mm $^{1}/_{32}$　**印张**　$2^{3}/_{8}$　**字数**　58 千字
版　　次　2020 年 11 月第 1 版　2022 年 11 月第 2 次印刷
社内编号　20200370　**定价**　38.00 元

目 次
CONTENTS

1

第一章　燃烧　1

第一节　燃烧及其分类　/ 1

第二节　气体燃烧　/ 9

第三节　液体燃烧　/ 12

第四节　固体燃烧　/ 13

2

第二章　火灾及其危害　16

第一节　火灾　/ 16

第二节　火灾的特征与危害　/ 16

第三节　火 灾 的 分 类　/ 18

第四节　火灾蔓延机理与途径　/ 22

第五节　火灾中的烟气　/ 27

3

第三章　火灾发生的常见原因　30

第一节　生活用火不慎　/ 30

第二节　燃气泄漏　/ 35

第三节　吸烟　/ 36

第四节　儿童玩火　/ 38

第五节　使用家用电器引发火灾　/ 39

第六节　电气线路故障　/ 46

第七节　电动车故障　/ 52

第八节　汽车故障火灾　/ 54

第九节　违规携带易燃易爆物品　/ 59

第十节　烟花爆竹引发火灾　/ 61

第十一节　雷击火灾　/ 63

第十二节　自燃　/ 65

第十三节　静电火灾　/ 67

第十四节　放火　/ 68

第一章 燃 烧

第一节 燃烧及其分类

一、燃烧现象

说到火灾，就要先了解燃烧。那么什么是燃烧呢?

在我们的日常生活中，燃烧是一种常见的现象。例如，人们用燃气来做饭，用蜡烛来照明，用煤来发电等，就是燃气燃烧、蜡烛燃烧和煤燃烧，它们都是常见的燃烧现象。

二、燃烧的特征

从燃气燃烧、蜡烛燃烧和煤燃烧这些常见的燃烧现象中可以发现，燃烧有以下三个特征。

第一个特征，燃烧能够放出热量。用燃气燃烧来烹饪食物就是利用燃气燃烧时放出的热量。

第二个特征，燃烧能够发光。蜡烛燃烧能够照明就是利用蜡烛燃烧时放出的光。

第三个特征，燃烧能够产生新的物质。煤燃烧时放出黑烟，黑烟里面就有许多新的物质，如二氧化硫、硫化氢等。实际上任何物质燃烧时都会产生新的物质，因此燃烧是一种化学反应。例如，典型的碳氢化合物燃烧后都会产生二氧化碳和水蒸气。

三、燃烧的条件

物质能够燃烧，必须具备三个条件。这三个条件就是可燃物、助燃物和着火源，如图 1-1 所示。

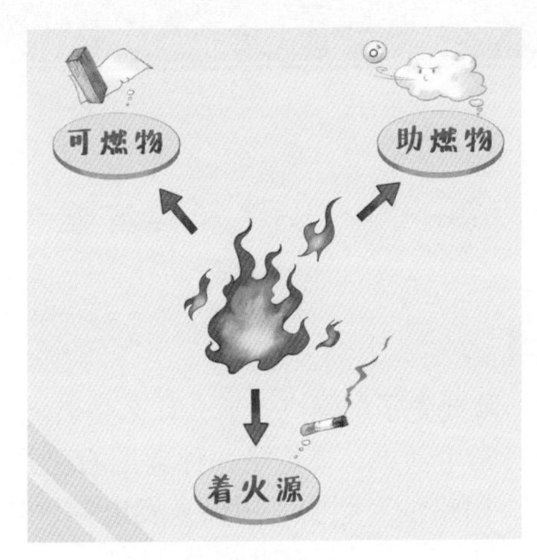

图 1-1　燃烧的条件

第一个条件是要有能够燃烧的物质，即可燃物。例如，燃气、蜡烛、煤等都是可燃物。可燃物很多，在我们的日常生活中十分常见。例如，纸张、木材、汽油、柴油、沙发、桌椅、窗帘、衣服、背包等都是可燃物，都能够燃烧，甚至引起火灾。

在科学家的研究中，可燃物的范围并不仅仅限于我们常见的碳氢化合物，如金属镁和氧气反应，也是一种燃烧现象。因此我们把凡是能够与空气中的氧气（后来又把氧气拓展到其他氧化剂）起燃烧反应的物质统称为可燃物，故而可燃物的范围非常广泛。

实际上，并不是所有的可燃物都能够燃烧。可燃物能够燃烧，其浓度不能太低，也不能太高。例如，氢气在氯气中燃烧时，当氢气浓度太低或太高都不会发生燃烧。通过这种现象，人们发现所有可燃物都有燃烧上限和燃烧下限，其浓度低于燃烧下限或高于燃烧上限时都不能燃烧，只有其浓度处于燃烧下限和燃烧上限之间时才能够燃烧。科学家把这一区间称为可燃物的燃烧区间。

第二个条件是要有助燃物。在日常生活中，常见的助燃物是氧气，即要有足够的氧气。可燃物在空气中能够燃烧，燃烧是化学反应，需要消耗氧气，只有氧气充足才能够进行下去。如果没有氧气或氧气不足，可燃物的燃烧就不能进行。所以在受限空间中，燃烧就很难进行下去。故而，把可燃物与氧气隔绝也是灭火的一种原理。

其实，氧气只是一种我们最熟悉的助燃物。除氧气外，凡是与可燃物质相结合能够导致燃烧的物质都称为助燃物。例如，氢气在氯气中燃烧生成氯化氢也是一种燃烧现象，在这里，氢气是可燃物，氯气是助燃物。

实际上，氧气是空气的一种组成成分，在空气中的含量大约是 21%。实验表明，当空气中的氧气含量低于 15% 时，可燃物的燃烧将很难发生。因此，燃烧的第二个条件是有一定比例的助燃物（氧气）。

第三个条件是要有着火源（或点火源）。要使燃气能够在氧气中燃烧，还需要用火柴、打火机来点燃燃气。这种能够使物质开始燃烧的外部热源称为着火源。着火源非常多，除常见的打火机、火柴等外，燃烧的烟头、工人师傅电焊作业时产生的电火花、干燥衣服摩擦时产生的静电火花等都是着火源，甚至物体发热的表面也是一种着火源。

可燃物被点燃所需要的能量很小，如汽油的最小点火能量为 0.2 mJ，乙醚最小点火能量为 0.19 mJ，而一个火柴头的能量大约为 500 mJ，所以火柴、打火机等产生的热量可以很轻松地点燃汽油。因此，在加油站内不允许吸烟（图 1–2），也不允许打电话（图 1–3），加油站的工作人员要穿防静电的衣服。

按照能量来源的不同，着火源可以分为四类：第一类是化学着火源，包括明火及化学反应放热；第二类是高温着火源，包括高温表面、物体的热辐射；第三类是电气着火源，包括电火花、静电火花；第四类是冲击着火源，包括冲击与摩擦、绝热压缩等。

图 1–2　加油站禁止吸烟

图 1–3　加油站不允许打电话

四、燃烧的定义

根据燃烧的特征和燃烧条件，科学家对燃烧给出了一个科学的定义。这个定义是：燃烧是可燃物与助燃物之间相互作用而发生的放热反应，通常伴有火焰、发光和（或）发烟等现象。

从本质上说，燃烧是一种化学反应，是可燃物在助燃物里面发生的氧化反应。

物质燃烧是一种氧化反应，而氧化反应不一定是燃烧；同样能被氧化的物质不一定都是可燃物。例如，铜在空气中放置一段时间后会生成铜绿，这个过程是氧化反应，但不属于燃烧，因为没有火焰和发光或产生烟雾颗粒。

五、燃烧的类型

前面所说的燃气、蜡烛及煤的燃烧是最常见的一种燃烧类型，一般称为着火。除着火外，燃烧还有闪燃、自燃、爆炸等类型。

1. 着火

着火是一种最常见的燃烧现象。着火是指可燃物在空气中与着火源接触，达到某一温度时就开始燃烧。着火的特征是可燃物在燃烧过程中有火焰产生，并且在着火源移去后可燃物仍能继续保持燃烧，有时还有不断扩大的趋势。

描述可燃物火灾危险性的物理量之一是与着火有关的燃点或着火点，其定义为使可燃物着火并持续燃烧一定时间所需的最低温度。根据可燃物燃点的高低，可以衡量其火灾危险程度。一般来说，可燃物的燃点越低，则越容易着火，火灾危险性也就越大。燃气、煤气以及汽油、柴油等的燃点都很低，火灾危险性较大。

2. 闪燃

闪燃也是一种常见的燃烧现象。一般情况下，如果在可燃液体表面上能产生足够的蒸气，这些蒸气在遇到着火源时，能产生一闪即灭的燃烧现象，这种现象就称为闪燃。

描述可燃液体闪燃危险性的物理量是闪点，其定义为可燃液体产生闪燃的最低温度。如汽油的闪点为 -30～-50 ℃，煤油的闪点为 28～45 ℃，柴油的闪点为 50～90 ℃。

一般来说，闪点越低，火灾危险性越大，以此可以判定可燃液体火灾危险性较大。例如，根据汽油、煤油、柴油的闪点可以判定，在这三种油品中，汽油的火灾危险性最大，煤油次之，柴油则位居第三。

另外，由于汽油、煤油、柴油是最为常见的燃料，根据三者的闪点，把可燃物质分为三类，即甲类、乙类、丙类火灾危险性物质。甲类火灾危险性物质是指闪点小于 28 ℃的物质，乙类火灾危险性物质是指闪点在 28～60 ℃之间的物质，而丙类火灾危险性物质是指闪点大于 60 ℃的物质。

3. 自燃

有些可燃物质（如煤），在没有外部火花、火焰等着火源的作用下，因受热或自身发热，然后把这些能量储存起来，在一定的条件下所产生的自然发火现象，称为自燃。

物质能够自燃的原因有两类：一类是受热自燃，即可燃物吸收外界热量，逐步积累，当加热到某一温度时便会燃烧；另一类是化学自燃，即可燃物依据自身的化学反应产生热量，逐步累积而燃烧。

描述可燃物自燃危险性的物理量是自燃点，其定义为在一定的条件下，可燃物质产生自燃的最低温度。同样根据可燃物的自燃点，可以判定可燃物自燃危险性的大小。可燃物的自燃点越低，其危险性越低。

除着火、闪燃和自燃三种燃烧类型外，燃烧还有一种特殊的形式，就是爆炸。因为爆炸现象具有发生突然和破坏性强的特点，危险性更大，所以爆炸现象更应引起人们的重视和关注。

爆炸是一种特殊的燃烧，是由于可燃物急剧反应而产生温度、压力增加或两者同时增加的现象。从广义上讲，凡是物质从一种状态通过物理或化学变化突然变成另一种状态，并在瞬间以机械功的形式释放出巨大能量，或是气体在瞬间发生剧烈膨胀等现象，都称为爆炸。

爆炸发生时，在爆炸点及其周围空间的物质之间会发生剧烈的压力变化，因此爆炸的危险性极大。

在日常生活中，常见的爆炸有物理爆炸、化学爆炸两种。

（1）物理爆炸。装在容器内的液体或气体，由于外界的影响，使容器内压力急剧增加，结果使容器发生爆炸的现象称为物理爆炸。在物理爆炸中，爆炸前后物质的性质及化学成分并不发生变化。物理爆炸的例子很多，如汽车轮胎爆炸、蒸汽锅炉爆炸及液化气钢瓶爆炸等都是物理爆炸。

（2）化学爆炸。由于物质本身发生化学反应，产生大量气体并使温度、压力增加或两者同时增加而形成的爆炸现象。化学爆炸的特点是爆炸时放出大量的热能，产生大量气体和很大的压力。例如：TNT 炸药爆炸（图 1–4）、可燃气体爆炸都属于化学爆炸，工厂中可燃粉尘爆炸也是化学爆炸（图 1–5）。

描述可燃气体爆炸危险性的物理量是爆炸极限。爆炸极限是指可燃气体发生爆炸的最高浓度与最低浓度之间的范围。一般来说，可燃气体的爆炸极限和燃烧极限基本相同。

爆炸极限是评定可燃气体危险性大小的依据。同样，爆炸范围越大，爆炸下限越低，爆炸危险性就越大。爆炸下限小于 10%

的可燃气体的生产、储存场所，火灾危险性划分为甲类，爆炸下限大于 10% 的可燃气体的生产、储存场所，火灾危险性划分为乙类。

图 1–4　TNT 炸药爆炸

图 1–5　化工厂爆炸

第二节 气体燃烧

一、气体的燃烧现象

根据物质的状态，可燃物可以分为气态、液态和固态三种，因此可燃物的燃烧也就可以分为可燃气体的燃烧、可燃液体的燃烧和可燃固体的燃烧。

燃气、煤气、氢气等燃烧都是常见的气体燃烧。气体燃烧也是科学家研究得较为透彻的燃烧现象。

据燃烧前可燃气体与氧气混合状况的不同，可燃气体的燃烧可以分为预混燃烧和扩散燃烧两种基本形式。

二、预混燃烧

1. 预混燃烧的定义

预混燃烧是指可燃气体、蒸气或粉尘在着火之前先与空气（或氧气）充分混合，然后再遇到着火源而产生的燃烧。

预混燃烧一般经常发生在封闭体系中。在有的敞开体系中，当混合气体向周围扩散的速度远小于燃烧速度时，也会发生预混燃烧。预混燃烧放热造成燃烧产物体积迅速膨胀，压力升高，引起人员伤亡和财产损失。

2. 预混燃烧的分类

按照火焰的传播机理，预混燃烧可以分为正常火焰传播和爆轰两种。

正常火焰传播是指依靠物质导热的作用，将火焰中产生的热量传给未燃烧气体，使之升温并着火，从而使燃烧波在未燃烧气体中继续传播的现象。

爆轰则是指依靠冲击波的高压使未燃烧气体受到近似热压缩的作用而升温着火，从而使燃烧波在未燃区中继续传播的现象。

3. 预混燃烧的特点

预混燃烧的特点：一是可燃气体燃烧反应快，二是燃烧产生的温度高，三是燃烧的火焰传播速度快，四是反应混合气体不扩散或扩散不明显。

三、扩散燃烧

1. 扩散燃烧的定义

若可燃气体在着火前没有与空气充分混合，则此时的燃烧就是扩散燃烧，即可燃气体与空气互相扩散，是一种可燃气体边混合边燃烧的现象。

例如，当可燃气体从存储容器或输送管道中泄漏而喷射出来，在着火源的作用下，喷射而出的可燃气体能够卷吸周围的空气，边混合边燃烧，形成扩散火焰。

2. 扩散燃烧的分类

扩散燃烧可以分为层流扩散燃烧和湍流扩散燃烧两种。

若燃料气喷出的速度较低，则形成层流扩散燃烧。此时火焰焰面为圆锥形，而且比较稳定（图 1–6）。

当可燃气体气流速度较大时，火焰逐渐由层流转变为湍流，此时气体燃烧为湍流扩散燃烧。湍流扩散燃烧火焰没有固定的形状，而且比较复杂（图 1–7）。

实验证明，燃气的层流扩散燃烧火焰温度最高可达 900 ℃，而湍流扩散燃烧火焰温度可达 1200 ℃左右。因此，湍流扩散燃烧的危险性更大。

图 1–6 层流扩散燃烧火焰

图 1–7 湍流扩散燃烧火焰

3. 扩散燃烧的特点

扩散燃烧的特点：一是可燃物的燃烧比较稳定，二是燃烧产生的火焰温度相对较低，三是燃烧产生的火焰不运动或运动不剧烈。

对于稳定的扩散燃烧，火焰不运动，因此只要控制得好，就不会造成火灾，一旦发生火灾也较易扑救，不会产生太大的危害。

第三节 液体燃烧

一、液体的燃烧机理

液体的燃烧比气体要复杂，一般包括蒸发和气相燃烧两个阶段。首先是可燃液体在外界热源的作用下，蒸发或挥发成可燃蒸气；然后再发生气体燃烧，即蒸气与氧气混合，成为可燃混合气体，此时若有外界着火源，在液体的表面上就能够燃烧。液体燃烧时，在液体表面上能够形成火焰，所以有时也称为池火。

在液体燃烧时，尤其是在一些含有水分、黏度较大的重质石油产品（如原油、重油、沥青油等）发生燃烧时，沸腾的水蒸气会带着燃烧的油品向空中飞溅，这种现象称为沸溢或喷溅。此时危险性极大。图 1–8 所示为油罐沸溢火灾。

图 1–8 油罐沸溢火灾

二、可燃液体的闪燃

前面已经介绍过，闪燃是燃烧的一种类型，是可燃液体（还包括一些可熔化的可燃固体，如石蜡、樟脑等）挥发或蒸发出来的蒸气分子与空气混合后，在达到一定的浓度时，遇着火源产生一闪即灭的现象。

液体发生闪燃的原因是液体在闪燃温度下蒸发的速度比较慢，蒸发出来的蒸气仅能维持短时间的燃烧，还没有足够的新的蒸气来补充和维持稳定的燃烧，因此一闪即灭。

描述闪燃的物理量是液体的闪点。闪点越低，火灾危险性越高。

三、可燃液体的引燃与自燃

可燃液体着火与其他可燃物一样，也可以分为引燃和自燃两种方式。

液体的引燃是指可燃液体蒸气与空气的混合物，在一定的条件下与着火源接触所发生的连续燃烧现象。

液体的引燃需要有外界的着火源作用，而引燃的难易则与液体性质有关。低闪点液体容易引燃，而高闪点液体不易引燃。

液体的自燃是指可燃液体在没有外界着火源作用时，而靠外界加热，整体升温到一定程度而出现着火现象。

发生自燃液体的最低温度称为液体的自燃点。同样，自燃点是评价自燃危险性的物理量。自燃点越低，发生自燃的危险性就越大。

第四节 固体燃烧

一、固体燃烧过程

固体燃烧比液体燃烧更加复杂。固体燃烧也是在外界的作用下，先变成气体，然后再燃烧。因此固体燃烧的机理为：在外界热源的作用下，有的固体通过升华的方式直接变为气体；有的固体通过裂解的方式变为气体；也有的固体在外界的作用下，先熔化为液体，再蒸发成气体。这种可燃气体与空气混合，在外界着火源的作用下，产生燃烧。所以固体可燃物必须经过受热、蒸发、裂解等，在固体上产生可燃气体，且气体浓度达到燃烧极限，才能发生燃烧。

二、固体燃烧形式

固体燃烧形式分为蒸发燃烧、表面燃烧、分解燃烧、熏烟燃烧、自燃等。

1. 蒸发燃烧

蒸发燃烧是指固体物质受到热源加热时，先熔化为液体，再蒸发为气体，然后与空气混合而发生燃烧反应。例如，硫、磷、钾、钠、蜡烛等都是这种燃烧。

2. 表面燃烧

表面燃烧是指一些特殊的可燃固体，如木炭、焦炭、铁、铜等，其燃烧反应是在其表面由氧和物质直接作用而发生的。表面燃烧是一种无火焰的燃烧。

3. 分解燃烧

可燃固体，如木材、煤、合成塑料等，在受到外界火源加热时，先发生热分解，随后分解出的可燃挥发成分再与氧发生燃烧反应，这种形式的燃烧一般称为分解燃烧。

4. 熏烟燃烧

可燃固体在空气不流通、加热温度较低、分解出的可燃挥发成分较少或逸散较快、含水分较多等条件下，往往发生只冒烟而无火焰的燃烧现象，这就是熏烟燃烧，又称阴燃。

5. 自燃

自燃也是可燃固体燃烧的一种方式，前面已经提到，在此不再赘述。

第二章 火灾及其危害

第一节 火 灾

从本质上来说，火灾也是一种燃烧现象，只不过不是人们所期望的燃烧。人们点燃可燃物，其目的是利用可燃物燃烧所产生的热量、光等来为人们服务。

但是，有一些燃烧，如建筑物着火、化工装置着火等，不但不能够为人们服务，反而会烧毁建筑物、烧毁化工生成装置，有的还会产生更大的损失，甚至引起社会恐慌，这种燃烧不是人们所期望的。这种燃烧现象就是火灾了。

从另一方面来说，火灾也是一种灾害，具备灾害的本质属性。火灾将产生损失，对人类社会造成一定的危害。火灾这种灾害是由可燃物的燃烧引起的。因此，科学家把在时间上和空间上失去控制的燃烧，会对自然和社会造成一定程度损害的灾害，称为火灾。

第二节 火灾的特征与危害

一、火灾的特征

1. 突发性强

火灾往往是突然发生的，有很大偶然性。人们无法预测火灾在什么时间发生、在什么地方发生，以及火灾以何种方式发生。

2. 发生频率高

由于经济社会的发展，可燃物品种急剧增加，数量巨大，着火源又极其复杂，所以火灾的发生频率很高。根据国家消防救援局的统计，国内每年发生 2 万 ~7 万起火灾。火灾的发生频率在各类灾害中一直居于首位。

3. 破坏性大

火灾发展速度快，影响区域广，破坏性大。火灾不仅会造成人员伤亡和财产损失，而且严重时还会导致供电、供水、供气和交通、通信等基础设施破坏，打乱社会正常生活、生产秩序，甚至破坏生态环境。

二、火灾的危害

火灾发生时，产生大量热量，消耗大量氧气，同时火灾烟气中含有众多的有毒、有害、腐蚀性成分，以及悬浮在空气中的颗粒物等。这些热量和火灾的生成物会对生命财产和环境造成极大危害。火灾的危害主要表现在以下五个方面。

1. 引起人员伤亡

人员伤亡包括人员受伤和人员死亡。火灾时灼热的火焰和火灾产生的烟气是造成人员伤亡的主要原因。其中：燃烧热造成人员死亡的人数占整个火灾人员死亡人数的 1/4 左右，而吸入有害烟气后直接导致人员死亡的人数占整个火灾人员死亡人数的 3/4。同时，建筑部分或整体坍塌也是造成人员伤亡的原因之一。据统计，世界上每年火灾人员死亡率在十万分之二左右。

2. 产生经济损失

火灾发生时，一是会烧毁建筑及其内部的物品，导致直接经济损失；二是在灭火时，要使用水、干粉、泡沫等灭火剂，需要一定的费用，同时建筑内的财物会遭受水渍、污染等损失；三是在火灾后，建筑修复、人员安置需要投入一定的经费；四是人们的生活将受到影响，对生产经营也将产生损失。因此，火灾通常会产生一定的经济损失。据统计，火灾造成的经济损失约为地震的 5 倍，仅次于干旱和洪涝，排在第三位。世界上许多发达国家每年火灾直接经济损失占国民经济总产值的 2‰以上，而整个火灾损失为国民经济总产值的 1% 左右。

3. 破坏文明成果

若古建筑发生火灾，则火灾会烧毁文物、古建筑等稀世瑰宝。在这种情况下，火灾对人类文明造成的损失是无法估量和挽回的。

4. 影响社会稳定

当火灾规模较大、人员伤亡较大时，会造成民众心理恐慌，影响社会稳定，甚至会导致不良的社会影响和政治影响。

5. 破坏生态环境

有的火灾还会破坏环境，引起环境污染，甚至破坏生态环境平衡。

第三节　火灾的分类

火灾是可燃物燃烧造成人员伤亡和财产损失的一种灾害，因此可以根据可燃物的性质和火灾造成的损失来对火灾进行分类。

一、按照可燃物的性质分类

《火灾分类》(GB/T 4968—2008)按照可燃物的性质，将火灾分为A、B、C、D、E、F共六类(图2-1)。这种分类法对防火和灭火，特别是对选用灭火器扑救火灾具有指导意义。

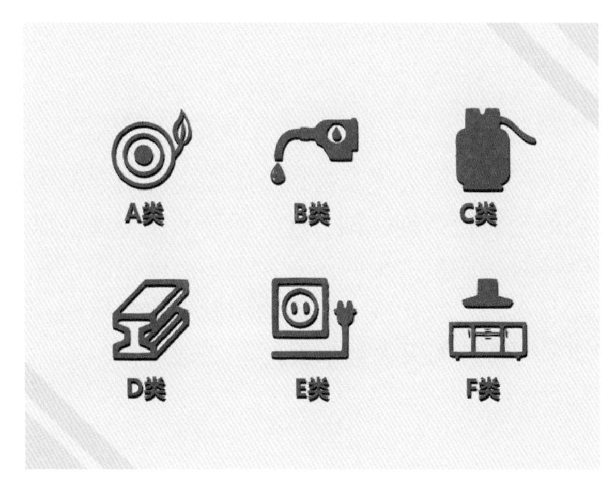

图2-1　火灾的分类

1. A类火灾

A类火灾，即固体物质火灾，是指固体物质燃烧时引起的火灾。常见的固体物质，如木材、棉布、毛皮、纸张等，通常具有有机物的性质，在燃烧时能产生大量的热量，并且产生火灾烟气。

2. B类火灾

B类火灾，即液体或可熔化的固体物质火灾，是指液体或可熔化的固体物质着火时引起的火灾。常见的液体或可熔化的固体物质包括汽油、煤油、原油、甲醇、乙醇、沥青、石蜡等，它们着火很容易导致火灾。

✔3. C 类火灾

C 类火灾，即气体火灾，是指由气体点燃而产生的火灾。常见的可燃气体包括甲烷、乙烷、丙烷、乙炔、氢气、一氧化碳等。煤气的主要成分是一氧化碳，天然气的主要成分是甲烷，它们都是可燃气体。

✔4. D 类火灾

D 类火灾，即金属火灾，是指金属燃烧时引起的火灾。常见的能够燃烧的金属包括钾、钠、镁、锂等活泼金属，以及金属合金。金属燃烧时，放出大量的热量，火焰温度很高；并且在高温下，金属能与水、二氧化碳、氮等物质发生化学反应，因此对金属火灾必须采用特殊的灭火剂来灭火。

✔5. E 类火灾

E 类火灾，即带电火灾，是指物体带电燃烧引起的火灾。

✔6. F 类火灾

F 类火灾，即烹饪器具内的烹饪物（如动植物油脂）火灾，是指在烹饪食物时，烹饪器具内的烹饪物（如动植物油脂等）发生火灾。

二、按照火灾造成损失的严重程度分类

2007 年，国务院颁布了《生产事故报告和调查处理条例》。根据该条例，按照火灾造成损失的严重程度，可以将火灾划分为特别重大火灾、重大火灾、较大火灾和一般火灾四个等级（图 2–2）。这种分类方法便于火灾的安全管理以及火灾的处置和事后处理。

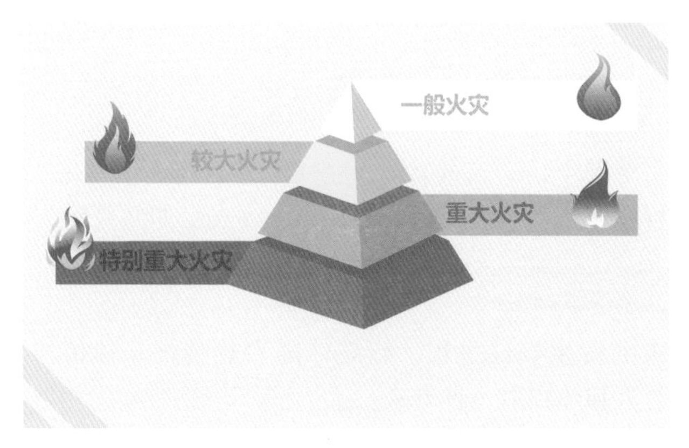

图 2-2　火灾的分类

1. 特别重大火灾

特别重大火灾是指造成 30 人以上死亡，或者 100 人以上重伤，或者 1 亿元以上直接财产损失的火灾。

2. 重大火灾

重大火灾是指造成 10 人以上 30 人以下死亡，或者 50 人以上 100 人以下重伤，或者 5000 万元以上 1 亿元以下直接财产损失的火灾。

3. 较大火灾

较大火灾是指造成 3 人以上 10 人以下死亡，或者 10 人以上 50 人以下重伤，或者 1000 万元以上 5000 万元以下直接财产损失的火灾。

4. 一般火灾

一般火灾是指造成 3 人以下死亡，或者 10 人以下重伤，或者 1000 万元以下直接财产损失的火灾。

第四节　火灾蔓延机理与途径

通常情况下，火灾都有一个由小到大、由产生到熄灭的蔓延发展过程。那么，火灾为什么会蔓延？火灾是如何蔓延的呢？

一、火灾蔓延的机理

火灾的发生发展过程，始终伴随着热传播。热传播有热传导、热对流和热辐射三种方式。

1. 热传导

热传导是指物体一端受热，通过物体的分子热运动，把热量从温度较高部分传递到温度较低部分的过程，如图 2–3 所示。

图 2–3　热传导

影响热传导的主要因素是温差，物质导热系数，以及导热物体的厚度和截面积。温差越大、导热系数越大、厚度越小、截面积越大，传导的热量将越多。固体、液体、气体都有热传导性，其中固态物质的热传导最强，液态物质次之，气态物质则较差。

在火灾中，薄壁隔墙、楼板、金属管壁等都可以把火灾从燃烧的区域通过热传导传至另一侧的表面，使地板上或靠着墙壁堆积的可燃、易燃物质燃烧，导致火灾扩大。

2. 热对流

热对流是指热量通过流动的介质，由空间的一处传播到另一处的现象，如图 2–4 所示。热对流是影响初期火灾蔓延的最主要因素。

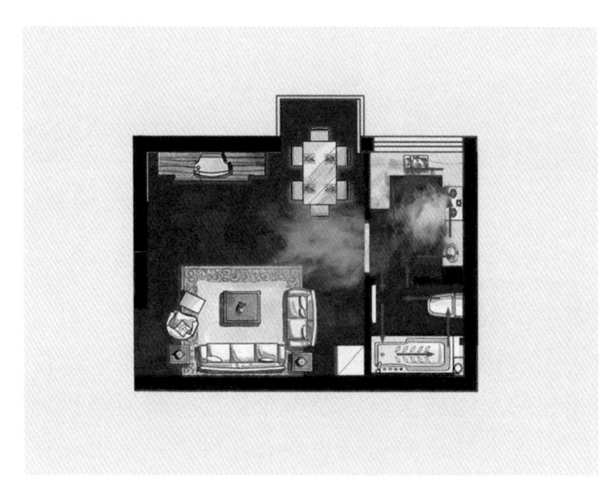

图 2–4 热对流

热对流速度与通风口面积和高度成正比。火场中通风孔洞面积越大，热对流的速度越快；通风孔洞所处位置越高，热对流速度越快。

3. 热辐射

热辐射是指以电磁波形式传播热量的现象，如图 2–5 所示。热辐射不需要任何介质，也不受气流、风速、风向的影响。通过热辐射传播的热量与其表面的绝对温度的四次方成正比。当火灾处于发展阶段时，热辐射是热传播的主要方式。

图 2–5　热辐射

二、火灾蔓延的途径

建筑火灾最初都发生在室内的某个房间或某个部位，然后由此蔓延到相邻的房间或区域以及整个楼层，最后蔓延到整个建筑物。建筑物内火灾蔓延的途径主要有两种：一是火灾在水平方向的蔓延，二是火灾在竖直方向的蔓延。

1. 火灾在水平方向的蔓延

火灾在水平方向的蔓延主要是通过一些竖直的孔洞进行的。一般的建筑物都有室内走道、门、窗、吊顶和一些空调系统。若门窗没有关闭，建筑内起火后，火灾将从起火房间的内门窜出，首先进入室内走道，然后通过门进入与起火房间依次相邻的房间，将室内物品引燃（图 2–6）。如果这些房间的门没有开启，则烟火要待房间的门被烧穿以后才能进入。

对于有吊顶的建筑，吊顶上部一般为连通空间。一旦起火，火灾极易在吊顶内部蔓延，且难以及时发现，导致灾情扩大。另外建筑物中的一些孔洞也会成为火灾蔓延和烟气扩散的途径。

图 2–6　通过门蔓延

2. 火灾在竖直方向的蔓延

火灾在竖直方向的蔓延主要是通过一些水平方向的孔洞进行的。在现代建筑物内，有大量的电梯井、楼梯间、设备间、风竖井、管道井、电缆井、垃圾井等竖井设施，这些竖井往往贯穿整个建筑。若未作完善的防火分隔，一旦发生火灾，就可以通过这些水平方向的竖井蔓延到建筑物的其他部分，如图 2–7 所示。

三、建筑火灾发展阶段

建筑火灾的发展过程大致可分为初期、全面发展和下降三个阶段。

图 2–7 通过电梯井蔓延

1. 初期阶段

火灾的初期阶段是指火灾发生后的开始阶段。此时火灾燃烧范围不大，只局限在着火点处的可燃物发生燃烧。

该阶段的火灾特点是在燃烧区域及其附近存在高温，燃烧的面积不大，室内平均温度低，但室内温度差别大，此时火灾发展速度较慢，火势也极不稳定。

局部燃烧形成后，可能会出现以下三种情况：一是最初着火的可燃物因烧尽而终止；二是因通风不足，火灾可能自行熄灭，或受到较弱供氧条件的支持，以缓慢的速度维持燃烧；三是有足够的可燃物，且有良好的通风条件，火灾迅速发展至整个房间。

火灾的初期阶段是灭火的最有利时机，也是人员疏散的最有利时机。

2. 全面发展阶段

随着燃烧时间的持续，室内的可燃物在高温的作用下，不断释放出可燃气体。当房间内温度达到400～600 ℃时，便会发生轰燃。轰燃是室内火灾最显著的特点之一，它标志着室内火灾已进入全面发展阶段。

轰燃发生后，室内可燃物出现全面燃烧，室温急剧上升，温度可达800～1000 ℃。火焰和高温烟气在火风压的作用下，会从房间的门窗、孔洞等处大量涌出，沿走廊、吊顶迅速向水平方向蔓延扩散，同时由于烟囱效应的作用，火势会通过竖向管井等向上层迅速蔓延。

此外，室内高温还对建筑构件产生热作用，使建筑构件的承载能力下降，可能导致建筑结构发生局部或整体坍塌。所以，为了减少火灾损失，在建筑物内部需要设置具有一定耐火极限的防火分隔物，选用耐火程度较高的建筑结构作为建筑的承重体系。

3. 下降阶段

在火灾全面发展阶段的后期，随着室内可燃物数量的减少，火灾燃烧速度减慢，燃烧强度减弱，温度逐渐下降，当降到其最大值的80%时，火灾则进入熄灭阶段。随后房间温度下降显著，直到室内外温度达到平衡为止，火灾完全熄灭。

第五节　火灾中的烟气

一、烟气的产生

在发生火灾时，由燃烧或热解作用所产生的悬浮在空气中的固态和液态微粒称为烟或烟粒子，含有烟粒子的气体称为烟气（图2-8）。

在火灾中，大多数可燃物都是有机物，含有碳、氢、氧、氮、硫、磷、氯等元素以及氰根离子等。在发生火灾时，可燃物由于受环境的影响，将产生水蒸气、二氧化碳、一氧化碳、氯化氢、氰化氢、二氧化硫等物质。因此，火灾烟气中含有众多的有毒、有害、腐蚀性成分以及颗粒物等，会造成严重的人员伤亡。

图 2-8　火灾产生的烟气

二、烟气的危害

1. 烟气的热损伤性

火灾烟气具有较高的温度。人对高温烟气的忍耐程度是有限的：在 65 ℃时，可短时忍受；在 120 ℃时，15 min 内将产生不可恢复的损伤。

烟气温度进一步提高，损伤时间则更短。140 ℃时，人能忍受的时间约为 5 min，170 ℃时，人能忍受的时间约为 1 min；而在几百摄氏度的高温烟气中，人是 1 min 也无法忍受的。

2. 烟气的窒息性

在火灾中，可燃物燃烧将消耗大量的氧气，同时产生大量的二氧化碳。因此火灾环境中，氧气的含量变小，而二氧化碳的含量变大。低浓度的氧气将会使人的呼吸和脉搏加快，引起头疼，使人出现意识不清和痉挛现象，甚至死亡。

高浓度的二氧化碳将使人的呼吸中枢受刺激，呼吸加快，脉搏加快，血压上升，出现头疼、晕眩、耳鸣、心悸，呼吸困难，甚至出现意识不清，引起人员死亡。

3. 烟气的毒害性

火灾中，可燃物在燃烧时还会产生一氧化碳、二氧化硫、氯化氢、氰化氢等有毒、有害及腐蚀性气体。人们吸入少量的烟气将会引起身体的不适，吸入烟气的量较多时将会引起人员死亡。

4. 烟气的减光性

火灾烟气中含有固体和液体颗粒，直径在 0.1~46 μm 之间，与可见光波的波长大体相当，因而烟粒子对光有较强的散射和吸收作用。所以火灾烟气能够阻挡可见光，这就是火灾烟气的减光作用。烟气的减光性致使火场的能见度大大降低。

火灾烟气浓度越大，其减光作用越强烈，火灾现场的能见度越低，不利于火场人员的安全疏散和应急救援。

5. 烟气的爆炸性

火灾烟气是可燃的，所以当烟气的可燃成分聚积到一定程度时会发生燃烧，甚至爆炸。

6. 烟气的恐怖性

在火灾现场，由于烟气的减光作用、火焰的高热量，使得处在火灾现场的人，一方面要承受火焰的烘烤，另一方面看不到逃生路径，面对漆黑一片的火场，很容易引起恐慌，甚至引起一些不理智的行为，给人员的疏散和救援带来了不利的影响。

第三章　火灾发生的常见原因

第一节　生活用火不慎

在人们的日常生活中，有许多时候需要用火、用热，如果使用的时候不小心，就可能会引发火灾。由于家庭生活用火频繁，由此引发的火灾也占相当大的比例。用火不慎引发火灾的原因主要是：炊事用火不慎、取暖不慎、蚊香使用不当、空气清新剂等易燃易爆品摆放位置不当、祭祀活动。

一、炊事用火不慎

家庭厨房一般面积小，物品密集，用火次数多，容易发生火灾事故。如在炉灶上煨、炖、煮各种食品时，浮在锅中的油质溢出锅外，遇火就能够燃烧。油炸食品时，油过多及油锅搁置不稳，油溢出遇火燃烧。

在炒菜时，如果油温过高，超过油的自燃点起火，会导致锅里的油燃烧（图 3–1）。在油锅着火时，正确的灭火方法是迅速往锅里倒入菜，或者是盖上锅盖灭火。千万不能往锅里倒水，因为此时倒水，会使燃烧着的热油外溅，容易引燃灶台上的其他物质发生火灾。

此外，炊事器具设置不当、安装不符合要求、在炉灶的使用中违反安全技术要求、抽油烟机上的油垢过多等也易引起火灾。

图 3–1　油锅起火

炊事用火不慎引发的火灾在生活中屡见不鲜，也十分危险。因此，厨房炊事用火时，应该注意防火措施：煨、炖、煮各类食品、汤类时，应有人看管，汤不宜过满，沸腾时应降低炉温或打开锅盖，以防外溢。油炸食品时，油不能放得过满，油锅要放稳，应控制油的温度。抽油烟机上的油垢要定期清除。

案例

2016 年 5 月 21 日，辽宁省大连市长兴岛经济区三堂街 292 号小博士商店发生火灾，造成 3 人死亡，起火原因为商店经营者洛某使用电热锅加热食用油，油温过高着火，处置不当致使油品洒落，引燃周围可燃物，最后蔓延成灾。

二、取暖不慎

冬天天气寒冷，很多人喜欢使用电暖器、电热毯等电器加热取暖。如果使用时电暖器距离可燃物太近，或是电热毯折叠使用、通电时间过长等，都有可能引发火灾，如图 3–2 所示。

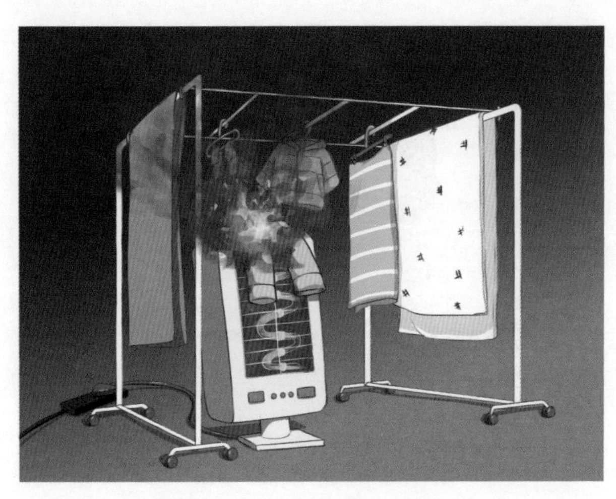

图 3-2　电暖器上烘烤衣物起火

北方的冬季，有的地方生炉子取暖，炉子旁边堆积可燃物或杂物时，可能引发火灾。

南方还有一些人喜欢将烘笼放进被褥取暖，由于长时间烘烤或烘笼被打翻，被褥被引燃发生火灾，并且往往会造成人员伤亡。

因此，使用电暖器时，一定要远离沙发、床单、纸张等可燃物，更不应用薄纱、丝、棉等装饰布料覆盖在电暖器上，切不可在无人看管的情况下烘烤衣物，要做到人走断电。

使用电热毯时，人不得远离，要尽量铺在较平整的床上，避免折叠、扭折，同时注意防潮，特别是防止小孩尿床等。

案例

2015 年 11 月 1 日，河北省承德市滦平县一住宅发生火灾，造成 3 人死亡，起火原因为电热毯使用不当引燃被褥等可燃物。

2016 年 2 月 2 日，浙江省丽水市遂昌县一民房发生火灾，造成 3 人死亡，起火原因为使用烘笼不慎引燃周围可燃物。

三、蚊香使用不当

蚊香主要由黏木粉、木炭粉和药物组成。在阴燃时，最高温度可达 700~800 ℃，足可以将棉布、纸张等燃点较低的可燃物引燃。此外，蚊香掉落的烟灰也具有一定的危险性。

使用蚊香时未将其放在金属支架上、蚊香与可燃物的距离过近、蚊香烟灰落在可燃物上及电蚊香器通电时间过长等行为均有可能导致火灾的发生。

案例

2001 年 6 月 5 日，江西省南昌市某幼儿园发生特大火灾，造成 13 名幼儿死亡，起火原因为寝室内点燃的蚊香将搭落在床沿边的棉被引燃。

四、空气清新剂等易燃易爆品摆放位置不当

空气清新剂属于液体压缩物，在阳光直射、高温环境和其他意外受力作用下，罐内压力升高，可能导致爆炸起火，如图 3–3 所示。

图 3–3　阳光直射空气清新剂罐爆炸

此外，花露水、喷雾杀虫剂、香水、发胶等日常用品都含有易燃易爆成分，容易受热或震动而爆炸，应放置在阴凉通风的地方，避免高温直晒或接触热源。空气清新剂、香水等物品若放在车里，在夏季天气炎热的时候易受热爆炸燃烧。夏季将一次性打火机等物品放置在汽车内，易发生内压增大，造成爆炸起火。

案例

2014 年 12 月 15 日，河南省长垣县皇冠歌舞厅发生火灾，共造成 12 人死亡，28 人受伤，经调查起火原因为吧台内的电暖器近距离烘烤罐装空气清新剂，导致罐装空气清新剂受热爆炸并引发火灾。

五、祭祀活动

每逢清明节等特殊日期，扫墓祭祀、焚香烧纸是我国人民的传统习俗，用于追忆逝者，缅怀祖先。但是稍有不慎，就会引发火灾。尤其是春季，容易刮风，祭祀活动产生的明火容易引燃杂草等可燃物，一旦造成山火，会导致大面积的蔓延，造成巨大的经济损失。

案例

2015 年 4 月 5 日，犯罪嫌疑人沈某到南安市官桥镇九溪村山场扫墓，在燃烧纸钱时不慎引起火烧山，造成严重森林火灾，过火有林地面积 943 亩。

同日，犯罪嫌疑人黄某到南安市康美镇福铁村“草山”山场扫墓，在燃烧纸钱时引发森林火灾，过火有林地面积 111 亩。

这两起火灾事故均造成巨大的经济损失。

第二节　燃气泄漏

燃气包括天然气、液化石油气和煤气。燃气泄漏是指由于意外导致的燃气从管道、钢瓶中泄漏到空气中。燃气泄漏易引起气体爆炸，造成的火灾往往比较严重。燃气泄漏可能的原因有以下几点：

（1）烧开水、煮粥、煮汤时没有人看管，汤水溢出，浇灭了火焰。燃气未经燃烧，扩散到空气中，在厨房形成爆炸气体，如图 3–4 所示。

图 3–4　燃气泄漏

（2）燃气灶离窗户近，火焰被风吹灭。没有及时关闭燃气阀门，导致燃气泄漏。

（3）燃气灶具超期使用、燃气器具连接气瓶的胶管脱落、破裂、老化等，导致燃气泄漏。

（4）长时间未使用燃气，或燃气灶具在维修时未关闭燃气阀门，导致燃气大量泄漏。

燃气灶具使用不当也可能引起火灾，如液化气罐未先开气阀再点火、液化气罐离燃气灶太近且与燃气灶无隔离物等做法，都极具危险性。

案例

2015 年 12 月 31 日，北京市东城区夕照寺西里 6 号楼北侧民房发生火灾，造成 3 人死亡，起火原因为人为导致液化石油气泄漏遇火源起火。

2019 年 1 月 30 日，某地一小区四层一户居民家中燃气泄漏，引发爆燃及火灾，事故造成 8 人死亡，3 人受伤。

第三节　吸　　烟

香烟点燃后烟头的中心部位温度能达到 700~800 ℃。由于气流冷却和烟灰隔热等因素，其表面温度仅为 200~300 ℃，供热的速率也比较慢。香烟的引燃作用不同于明火，因为烟丝的燃烧仅是一种阴燃，烟头表面温度低于一般可燃物的自燃点（为 300~500 ℃）。

烟头不能像明火那样较快地点燃一般可燃物质，仅能引燃疏松的纤维物质，如碎纸、碎草、棉花、被褥、刨花、锯末、废布、草垫等。烟头之所以能引燃这些物质，原因之一是这些物质的燃点比较低，热分解温度比较低，如纸张的燃点为 130 ℃、棉花的燃点为 210 ℃、松木的燃点为 250 ℃、麦草的燃点为 200 ℃、布匹的燃点为 200 ℃，这些物质受到烟头表面（温度为 200~300 ℃）作用时会发生热分解、炭化，继而吸氧生热，使其自身的温度升高；原因之二是这些物质体积小，热容小，不易导热，易于升温；原因之三是这些物质疏松多孔，易于保温。在这三个因素作用下，整个引燃体系不断升温，达到自燃温度，便开始阴燃。随着阴燃的进行，使燃烧体系的温度连续上升，最终发展为明火燃烧。绝大多数的常用塑料、化纤、羊毛、真丝等一般不会发生阴燃，其热分解温度和燃点比较高，自燃点也比较高，所以遇到烟头，仅能发生熔化，一般不发生热分解和阴燃。烟头引燃时间一般较长，从烟头接触可燃物至出现明火为几十分钟到几小时不等。

吸烟引起的火灾在火灾总起数中占的比例不高，但它造成人员死亡的比例却相当高。吸烟引起火灾的原因有多种，除烟头本身引起的火灾外，烟灰掉落在可燃物上，烟头处理不当，随意丢弃烟头，对火柴梗、打火机等点烟用具处理不当，吸烟地点和方式不当，如卧床、醉酒吸烟，在严禁烟火区域吸烟，随意放置点燃的香烟等行为，均可导致火灾的发生，如图 3–5 所示。

图 3–5　卧床吸烟引燃被子

案例

1985 年 4 月 18 日，哈尔滨市天鹅饭店发生大火，导致 10 人丧生，7 人重伤，起火原因为美国工程师安德里克醉酒后卧床吸烟，烟头落在床上引燃床上被褥。

1999 年 12 月 26 日，吉林省长春市夏威夷大酒店洗浴中心因保安乱扔烟头引发火灾，造成 20 人死亡。

2015 年 8 月 20 日，贵州省惠水县雅水镇新民村一住宅发生火灾，造成 3 人死亡，起火原因为房主卧床吸烟引燃床上可燃物。

第四节 儿童玩火

儿童玩火多发生在农村和城市居民家庭，是引发火灾的重要原因之一，如图 3–6 所示。喜欢玩火的小孩，通常是 5~12 岁的儿童，他们往往认知能力差，缺乏消防安全意识。这些儿童对外界观察的目的性、持续性、概括性都较差，只注意事物的新鲜性、趣味性，对于后果、危害没有明确的“好坏”概念。对于火而言，他们往往只注意火的刺激性感官效果，忽略了火的危害性、灾难性后果。主要表现为学大人做“假烧饭”游戏，在床下或其他黑暗角落划火柴，模仿大人吸烟，在炉灶旁烤、烧食物，随意焚烧废纸、柴草，玩弄火柴、打火机及开关液化气炉具，在室外点火取暖，以及进入危险厂房、仓库内点火玩耍等。

图 3–6　儿童玩火

小孩为什么喜欢玩火？一是时间的阶段性。儿童在上下学、放假等家长管教视野之外的时候较多。二是点火源和起火物的特点。玩火一般以火柴、蜡烛和打火机等为点火源，一般都是容易点燃。三是起火的反复性。儿童玩火一般不止一两次，在好奇心的驱动下，往往会形成习惯性行为，特别是引起了周围人群关注但未被发现时，这种好奇心会急剧膨胀甚至演变成病态心理行为。

家长要仔细、耐心地对儿童阐述玩火的危险性，加强对他们的管理和教育，采取有效措施杜绝儿童玩火行为的发生，否则不但会使国家、集体和个人财产蒙受损失，而且会危及儿童的生命安全。

案例

2002 年 7 月 13 日，北京凯迪克大酒店 1020 房间发生火灾，造成其他房间 3 人死亡，直接经济损失 20 余万元，调查发现，房间内的 2 名儿童在茶几处划火柴玩耍，且出门时未熄灭，火柴引燃窗帘造成火灾。

2007 年 5 月 20 日，山东省枣庄市一烧烤店发生火灾，造成 9 人死亡，火灾原因认定为烧烤店主之子玩火。

2015 年 2 月 5 日，广东省惠州市颐东义乌小商品批发城四层发生火灾，事故造成 17 名群众死亡，过火面积约 3800 m^2，直接财产损失 500 万元，经调查起火原因为小孩玩火。

2016 年 2 月 18 日，内蒙古自治区呼和浩特市土默特左旗牌楼村村北玉米秸秆堆垛发生火灾，造成 3 人死亡，起火原因为小孩玩火，点燃玉米秸秆、杂草等可燃物。

第五节 使用家用电器引发火灾

家用电器使用不当引发火灾是家庭发生火灾的重要原因。家用电器的电功率从几瓦到几千瓦不等，种类繁多用途各异。功率小的电器如热得快，功率大的电器如电冰箱、空调，使用不当的情况下均有可能导致火灾。

家用电器使用不当引发火灾主要有以下几种原因：在同一个插座上接入过多大功率家用电器，导致电线负载过大，造成电线过热；先打开电器开关再插电源插头或者未关闭电器开关就拔掉电源插头；使用湿布湿手擦拭或触碰电器开关；使用未安装保险丝的电器，因漏电短路或过负荷引发火灾；乱拉乱接电线，导致绝缘层损坏发生漏电引起火灾；儿童玩弄电器用具或者无电器常识的人随意拆装电器导致电器漏电引起火灾；家用电器长时间运转不断电，导致其发生过负荷等电气故障。家用电器使用不当引发的火灾不在少数，以往的火灾案例给我们敲响了警钟。

下文介绍几种常见家用电器引发火灾的原因。

一、电冰箱

电冰箱的压缩机和冷凝器的表面温度较高，一般在 50 ℃以上，在散热条件不好的情况下，如果接触可燃物，可能造成火灾；电冰箱的电源线与压缩机、冷凝器接触，绝缘层受热老化，可能引发漏电、短路等故障造成火灾；电冰箱的温度控制器位于电冰箱内，开关动作时会产生火花，可以引燃电冰箱内存放酒精、药酒等易挥发液体的蒸气。

案例

2019 年 2 月 18 日上午，广州市一民房发生火灾，因消防救援人员处理及时，火灾未造成人员伤亡。经调查，火灾是该居民的电冰箱短路故障导致。

二、空调

空调机引发火灾的主要原因：空调机在断电后瞬间通电，此时压缩机内部气压很大，使电动机启动困难，产生大电流引起电路起火；电热冷暖型空调机制热时突然停机或停电，电热丝与风扇电机同时切断或风扇发生故障，电热元件余热聚积，使周围温度上升，引发火灾；电容器发热、受潮，漏电流增大，绝缘性能降低，导致发生击穿故障，再引燃机内垫衬的可燃材料造成起火；轴流或离心风扇因机械故障被卡住，风扇电机温度上升，导致过热短路起火；安装时将空调机直接接入没有保险装置的电源电路。图 3–7 所示为空调外机起火。

图 3–7　空调外机起火

案例

2019 年 3 月 13 日 16 时 6 分，在安徽省合肥市华山路与长沙路交口，在建小区“葛洲坝中国府”空调室外机失火。附近小区居民发现火势后，迅速报警，合肥市消防救援部门接到报警电话后，迅速前往火灾现场进行救援。16 时 17 分，明火被熄灭。因扑救及时，没有引起人员伤亡，也无人员被困。

三、电饭锅

当电饭锅的插头因接触不良打出火花或电弧、电源线绝缘层损坏引起短路或与其他电器共用线路产生过负荷时，均有可能引起火灾。此外，电饭锅长时间通电水被烧干时，它的温控器件易被烧坏。当内胆底部和电热板之间附有杂物时，二者接触不良，易使温控器件烧毁，导致电热板温度继续升高，引起火灾。

案例

2008 年 7 月 8 日，某地一居民朱某用电饭锅煮面，后忘记照看，致使电饭锅干烧引起电火，最终引发火灾。

2018 年 9 月 17 日，某地居民王某用电饭锅煮着稀饭一直插着电保温，外出无人照看，引发火灾，造成 14 万元的损失。

四、微波炉

错误地操作微波炉有可能引起微波炉发生故障乃至爆炸，进而有可能引发火灾。例如，用微波炉加热鸡蛋等带壳食物时有可能会引起爆炸，加热袋装或盒装的牛奶、豆浆等液体时，未将液体倒至开口容器内，直接加热，产生的热量会使容器压力升高，也有可能导致微波炉发生爆炸。微波炉里不可以使用金属容器，因为任何放置在微波炉内加热的金属或导电体会在某一程度中成为一副无线电波“天线”，“天线”聚积能量后会造成高频电流，导致发热和产生火花，特别是较尖锐的金属制品（如刀和叉）。因此，在使用微波烹调时，不得使用金属容器或金属网状容器来装载食物，以免发生意外事故。

案例

2017 年 10 月 19 日，某地王女士把菜放进微波炉加热，因担心加热不均匀，加热了一会儿后，王女士把菜端出来，用勺子搅拌了一下。王女士忘记将搅拌的勺子从盘子里拿出来，将其一并放进了微波炉。几分钟后，王女士突然闻到一股焦味，只见微波炉内冒出火焰。王女士赶紧拔掉电源，从卧室拿被子盖住微波炉将火扑灭。微波炉起火的原因是王女士在热菜时没有将金属制的勺子拿出来，导致了微波炉起火。

五、电吹风

很多电吹风的功率高达千瓦以上，如使用不当，极易引发火灾。使用电吹风应避免以下不当行为：长时间使用电吹风，这会导致其温度过高，若此时电吹风接触到易燃易爆品，则易引发火灾或爆炸；使用电吹风时若靠近可燃物，不能在使用发蜡之后使用吹风机；在禁火或者易燃易爆场所使用电吹风；使用电吹风后没有及时将电源插头从插座上拔下来；使用后的电吹风随意搁置到沙发或床垫等易燃物上；遮盖吹风机后面用于散热的孔洞，这可能会使吹风机温度升高，从而导致塑料外壳和覆盖物燃烧。

案例

2015 年 1 月 9 日，南京市鼓楼区北秀村一住宅发生火灾，4 名租客丧身火海，起火原因为房客赵某使用完电吹风后放在床上，电吹风未关闭开关且处于通电状态，导致温度过高引燃周围可燃物。

六、电熨斗

电熨斗是居家生活中常用的电器，为人们带来方便的同时，也存在一定的隐患。经测试，功率为 300 W 的电熨斗通电使用时底板温度最高可达 700 ℃，且功率越大，通电时间越长，温度越高。若将正在通电使用的电熨斗放置在可燃物上，稍有疏忽极易引发火灾，如图 3-8 所示。

电熨斗使用不当的行为主要有：在使用的过程中使用者离开；使用间隙未竖立放置电熨斗；刚使用完未冷却的电熨斗随意放置在可燃物上；供电线路承载能力不满足要求，电熨斗长时间使用或者与其他耗电功率电器一起使用发生过负荷；自动调温型电熨斗恒温器失控，温度无法控制；电熨斗插头与插座接触不牢，接触处过热，产生电弧或火花，烧毁插件及可燃物品。

图 3-8　电熨斗引燃衣物

案例

2015 年 9 月 18 日，浙江省温州市经济技术开发区七五村一民房发生火灾，造成 4 人受伤，1 人死亡，经调查起火原因为电熨斗长时间通电，引燃电熨斗下方的木板。

七、热得快

热得快是生活中常见的一种电加热器，可用于烧开水、加热牛奶等，常见于学生宿舍。热得快的加热圈通常由较细的金属管绕制而成，管内装有电热丝，电热丝两端分别与电源线相连，通电后电流流经电热丝，后者持续发热。热得快在使用过程中，常见的隐患行为有水壶中水未加满，或者热得快通电时间过长将水烧干，导致热得快金属管上端裸露在空气中干烧，热量不容易散发，金属管很快会烤焦烧红，易引起热水壶爆炸，且烧红的金属管若接触到可燃物或者可燃气体，则极易引起燃烧或气体爆炸，十分危险。此外，使用后的热得快未及时断电，或使用后未等其充分冷却便将其接触可燃物，都有可能导致火灾的发生。

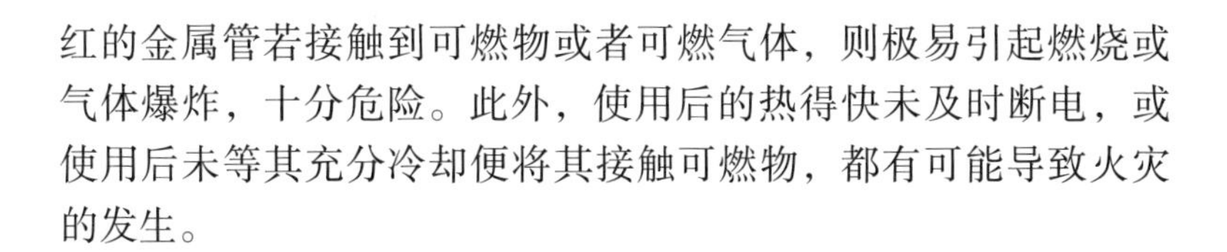

案例

2008年11月14日，上海商学院徐汇校区一学生宿舍楼发生火灾，4名女生从六层宿舍阳台跳下逃生，当场死亡，起火原因为寝室里使用热得快引燃周围可燃物造成火灾。

八、电视机

电视机是家家必备的电器，从显像管电视机到目前的液晶电视机，均有发生火灾的案例。

电视机引发火灾的主要原因：

（1）关机不彻底。目前电视机都具有使用遥控器遥控开、关机的功能。但是，遥控关机又分交流关机和直流关机两种。具有交流关机的电视机，遥控关机后，交流电源被彻底关断，再不能用遥控器开机，这种关机方式虽然给使用者带来不便，但关机后不会发生火灾。然而目前大部分电视机都是直流关机方式，关机后不能彻底脱离交流电源，只关断了电视机的主电源，仍然保留了辅助电源，且电源电压出现异常偏高时会造成辅助电源故障起火。

（2）电源故障。一是交流供电电压异常。有些电视机用户使用了伪劣的稳压器，常常因为稳压器自身的故障导致供电电压过高或过低，这样可能造成电视机故障引发火灾。二是电源开关或元件脱焊、松动等可产生持续弧光，点燃附近可燃物。

（3）使用环境恶劣。使用环境温度过高和湿度过大，都会对电视机内部元件造成损坏或使绝缘性能降低，引发故障，导致火灾。例如，看电视时用电视机罩遮盖了通风散热孔道使机内温度积累升高。再如，北方冬季电视机由低温环境搬入温暖潮湿的室内后，机内挂霜结露，绝缘性能降低，这时如开机可造成电视机故障引起火灾。有时电源开关本身也会因潮湿发生弧光放电而起火。

（4）雷电导致电视机火灾。农村室外天线架设得过高，有的还加装了比天线更高的避雷针（不是正规设计的），避雷针变成了“引雷器”，可导致电视机故障性火灾和直击式火灾。

（5）“带病”使用导致火灾。电视机已到报废年限仍继续使用或已发现故障不及时检修“带病”使用，都将增加电视机火灾的发生率。

（6）显像管电视机行输出变压器、显像管故障。目前，有些居民家中还在使用显像管电视机，彩色电视机的行输出变压器（俗称高压包）产生的电压高达 26 kV，如供电电压偏高，输出电压甚至可超过 30 kV，很容易发生绝缘击穿，空气电离产生电弧或闪电易引发火灾。显像管尾板上的最高电压是聚焦电压，高达数千伏，显像管管座受潮可以打火拉弧，但由于聚焦电压是经过行输出变压器内部的电位器分压取得的，是内阻较高的电源，所以电弧功率不会很大，不能形成火灾，而且管座上带有灭弧室，也不会危及其他元件。但显像管出现极间短路时，可在尾板上产生放电电弧导致起火。

案例

2010 年，某地一居民楼唐某家客厅内的液晶电视机爆炸，导致火灾，家中物品基本烧毁，唐某头发烧焦，右手有轻微烫伤。

第六节　电气线路故障

电气线路指的是架空线路、进户线和室内敷设线路。电气线路故障引发火灾主要是由于电气线路出现短路、过负荷、接触电阻过大、漏电、短路等故障，产生电火花、电弧引起电线、电缆过热或产生喷溅熔珠引燃可燃物造成的。电气线路故障引发火灾的机理有两大类型：一种是电阻发热型，如导体过电流、接触不良、设备发热；另一种是电弧故障型，如静电、高压击穿、炭化路径电弧、相间短路、接地短路等。电气线路故障的形式主要有短路、过负荷、接触不良、漏电、断电五种。

近年来电气火灾以 30% 的比例高居各类火灾之首，造成的伤亡人数占电气火灾总伤亡人数的 1/3，且电气火灾所占比例正逐年上升，而电气线路故障是电气火灾的主要诱因。

一、短路

短路是指线路中不同相或不同电位的两根或两根以上的导线不经过负载直接接触，常见的有相间短路和对地短路两种。

由于短路时容易击穿空气放电产生电弧，可以引燃其周围的可燃物造成火灾，如图 3–9 和图 3–10 所示。电气线路产生短路故障的原因很多，架空线路短路故障主要是由于：电线杆受机械撞损而倒落，使线路发生短路；架空线路杆距过大，线间距离过小，线路的弧度过大而发生导线相碰短路，或弧度过小而发生断线引起对地短路；架空导线不按规定敷设，导线截面积小于最小允许截面积或者导线接头位置不当，机械强度不够，引起断线接地；架空线路与地面距离太近，引起对地短路；高压支持绝缘子耐压程度降低，引起导线对地短路；人为的误操作。室内敷设线路短路故障主要是由于：年久失修，绝缘层老化；导线规格型号未按具体环境选用，在高温、潮湿、腐蚀性气体等作用下加速导致绝缘层老化；乱接乱拉，管理不善或用电量过大，线路长期过负荷运行致使绝缘层损坏；进户线短路或接地往往是因风吹摇动，电线与穿线管管端摩擦及室内外温差而造成绝缘层损坏。

图 3-9　短路产生电弧

图 3-10　短路引起火灾

案例

2018 年 8 月 25 日，哈尔滨北龙汤泉休闲酒店有限公司发生重大火灾事故，过火面积约 400 m^2，造成 20 人死亡，23 人受伤，起火原因为二期温泉区二层平台靠近西墙北侧顶棚悬挂的风机盘管机组电气线路短路，形成高温电弧引燃周围塑料绿植装饰材料。

二、过负荷

电气线路过负荷是指线路中的电流超过了线路的安全载流量。电气线路过负荷故障主要是由于：导线截面积选择不当，实际负荷超过了导线的安全载流量；不考虑回路的实际载荷能力，过多地接入用电设备；漏电等。导线过负荷时，由于电流过大，或者导线的散热条件不好，可使整个回路中导线过热，如果此时导线附近有可燃物的话，可能被引燃而造成火灾（图 3–11）。由于过负荷是整个回路过热，所以可以形成沿导线走向的条形起火点。

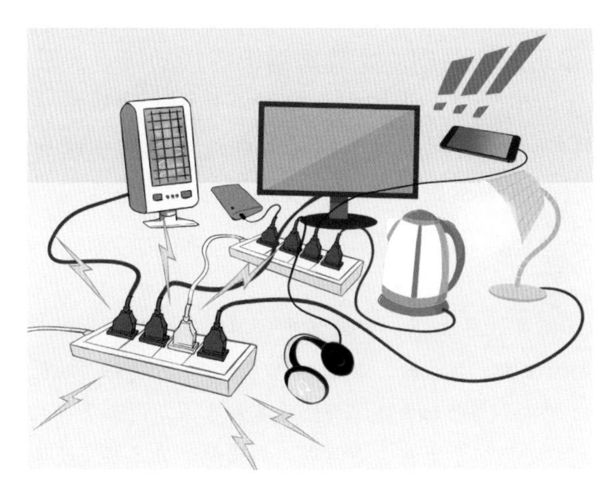

图 3–11　导线过负荷起火

案例

2008 年 6 月 18 日，某地一仓库发生火灾。调查发现，该仓库起火前空气开关跳闸，强行合闸 20 min 后起火。起火前仓库电器功率远超额定功率，导线过负荷发热，引燃周围可燃物造成火灾。

三、接触不良

接触不良是指在线路的接头部位因连接不好而形成的接触电阻过大的故障。由于接触电阻过大，可以使这一部位异常发热，一方面可能损害附近的绝缘而造成短路，另一方面可能引燃周围可燃物而造成火灾。

造成电气线路中连接点处接触电阻过大的主要原因有：安装质量差，如压接时不紧密，应加弹簧圈的而未加，应将螺栓旋紧的而未旋紧，铰接时铰接长度不够，插接时静接点尖片压力不够等；导线连接时接触面没有经过处理，沾有杂质、氧化层、油污等；接点长期运行缺乏检修；在长期负载下接点的氧化、电腐蚀、蠕变作用逐渐加剧，尤其是铜铝混接的接点，形成恶性循环，而使接触电阻进一步加大。接触不良引起火灾的主要形式有三种：由接触不良引起接触电阻过大而产生过热引起火灾；接触松动打火引起火灾；由接触不良过热引起局部绝缘失效，造成短路而引发火灾。

案例

2015年5月25日，河南省平顶山市鲁山县康乐园老年公寓发生特别重大火灾事故，造成39人死亡，6人受伤。经调查起火原因为老年公寓西北角房间西墙及其对应吊顶内为电视机供电的电气线路接触不良发热，高温引燃周围电线绝缘层、聚苯乙烯泡沫、吊顶木龙骨等易燃可燃材料。

四、漏电

漏电是因绝缘层损坏，导致不同电位或不同相位导体间的不正常电流。如果在绝缘层破损处和大地之间，存在着某种程度的导电路径，在对地电压的作用下，有一部分电流就会从绝缘层破损处流出，经导电路径进入大地，再流回电源，这种故障现象，就是一种漏电。我国的低压供电方式是三相四线制，即变压器二次线圈按星形接法接线，中性点工作接地，配出线为三根相线、一根零线。这样，每根相线对地有 220 V 的电压。不管线路离开变压器多远，只要它发生接地故障，并且变压器二次保险没有熔断，电流就会由变压器的输出端子经过线路、漏电点，经大地回到变压器的中性接地点。上述绝缘层破损处，称为漏电点，电流进入大地处，称为接地点。

由于电气系统发生漏电故障，使电阻较高的部位过热，引燃可燃物而造成的火灾称为漏电火灾。在漏电线路中电阻大的地方容易发热，在接触不良的地方容易产生火花。在漏电回路中发热或打出火花的地方如果有可燃物质，则可能引起漏电火灾。漏电火灾发生的具体原因有：

（1）导体整体过热。这是由于导体截面积过小所致，如漏电电流通过细铁丝时，由于铁丝的截面积小，铁丝红热引燃可燃物。

（2）接触点过热。这主要是因为接触电阻过大而产生的电阻性发热。电气系统中正常连接点电阻仅有千分之几欧姆，在正常情况下不会造成过热现象。由于漏电点松动、氧化等因素会导致接触电阻过大，在接触点处容易发生火灾。

（3）产生击穿性电弧。接触点松动或绝缘层损坏严重，产生电弧引起火灾。

案例

2015 年 4 月 13 日，某商业街一栋二层住户发生火灾，造成 33 间房屋受损。调查发现，这起火灾是由于棚顶导线漏电造成的。

五、断电

断电是指电气线路受到外力作用发生机械断裂，如大风、砸、拉等。断路引发火灾的方式有两种：一种情况是当电气线路发生断路时，在断开的瞬间击穿空气放电，产生电火花，引燃周围的可燃物造成火灾；另一种情况是断开的导线处于带电状态，脱落时可能接触接地的导体产生电火花而造成火灾。

案例

2017年2月5日，浙江省台州市天台县足馨堂足浴中心发生火灾，事故共造成18人死亡，18人受伤，起火原因为足馨堂2号汗蒸房西北墙角的电热膜导电部分出现故障产生局部过热，热量不断积聚，温度上升，最终引燃周围可燃物。

第七节　电动车故障

电动自行车以其经济、便捷等特点，成为城乡居民生活中重要的出行工具。随着生活节奏的加快和环保意识的增强，越来越多的人选择电动车作为出行工具，近年来普及程度直线上升。但是由于电动车自身安全设计的缺陷以及使用者防火意识的不足，导致包括电动自行车和电动汽车在内的电动车给人们带来交通便利的同时，也带来了不可忽视的火灾灾害和其他社会问题。

电动自行车主要由车体、供电系统、动力和传动等组成。为了美观和舒适，大量使用塑料和聚氨酯软泡沫材料。一旦发生火灾，塑料和聚氨酯软泡沫材料参与燃烧，产生大量的HCl、CO、HCN等有毒、有害的高温气体，严重威胁群众人身安全。国内多次的电动自行车自燃实验结果表明：当把电动车充电适配器放置在地面或电动车踏板处时，即使发生电气故障也不至于将电动自行车引燃，绝大多数情况是自行熄灭；而电动自行车电气系统故障发生在座椅下方及载物箱附近时，则引燃电动自行车的概率增大。其主要原因是在座椅下方和载物箱附近有大量的可燃材料，一旦电气故障在这里出现，即可引燃可燃物，引发电动自行车火灾，进而造成人员伤亡和财产损失。

目前，国内电动自行车保有量已超过2亿辆。据统计，电动自行车因整车线路故障引发的火灾事故占90%以上；停放充电时引发的火灾事故占80%；在20时至次日5时之间的火灾发生率占67%左右，亡人火灾主要发生在充电过程中。根据调查发现，电动自行车引发火灾的原因主要集中在以下三个方面。

（1）充电器质量不过关。充电器塑料外壳没作阻燃处理，内部元件发热引燃外壳；充电器本身设计缺陷，无过载保护，无电池充放电保护功能和浮充功能，增加了电池起火的概率；充电器随车携带并长期振动，造成充电气元件的虚接、老化，甚至内部线路短路。

（2）线路故障。车辆本体线路接触不良，插接器接触松动，使接触部位严重发热，绝缘材料热解，插头变形；线路受到挤压，线路与车架接触磨破绝缘皮导致浸水、搭铁等短路；车辆线路设计先天缺陷导致过负荷，用于充电的配电线路保护电器设计不到位；不规范的拉线、采用长距离拖线板等原因导致为其供电的配电线路保护电器不能可靠动作等；与配电线路连接的插座接触不良，由于经常拉扯线路，导致线路老化虚接、插排氧化等。

（3）铅酸蓄电池充电热失控。铅酸蓄电池充电时可能发生热失控引发火灾，主要原因有以下几点：铅酸蓄电池充电时放出热量使电池温度升高，充电电流流过蓄电池内部时内阻发热使温度升高，充电时电解液析出的氧与负极的铅发生反应放出热量，充电时电池散热条件不好导致温度升高，充电时环境温度过高。

由此可见，除人为因素外，火灾原因主要集中在电动车充电器、充电线路、配电线路及电池四个部位。

除电动自行车外，近年来电动汽车也得到了迅速发展，由此引发的火灾也与日俱增。如果不采取切实可行的措施，那么随着电动汽车保有量增加、车辆及充电设施老化，电动汽车必将重复走上电动自行车的火灾隐患之路。

电动汽车安全隐患的主要部件是动力电源系统，即动力电池系统、充电系统及高压动力总线。动力电池作为动力电源系统的核心部件，由于其本身发生故障或防护不到位而受到外部影响等因素，都可能使电池的温度没得到及时而有效的控制，从而导致热失控，引发火灾甚至爆炸。迄今为止，可以说所有电动汽车的动力电池防护系统都不足以保证电池不发生热失控。充电系统中，由于充电与电池管理系统设计不完善而导致电池组在充放电过程中出现热失控，引发火灾。其他电气线路，包括高压动力总线、驱动电机、逆变器、车载充电机等部件，因为由很多的线束连接起来，一旦发生连接不可靠、浸水、机械损伤等就可能会发生短路导致部件失效，进而引发火灾。

因电动自行车诱发的火灾事故呈现不断上升的趋势，亡人火灾时有发生，给人民群众生命和财产安全造成了重大损失。

案例

2011 年 4 月 25 日，北京市大兴区旧宫镇南小街三村一楼房发生火灾，造成 18 人死亡，24 人受伤，经调查起火原因为一层停放的电动三轮车电气故障引起。

2011 年 8 月 25 日，广东省台山市台城石化路 14 号一家糖水店发生火灾，造成 6 人死亡，起火原因为停放在店铺首层充电的电动自行车充电器输出线路短路，起火引燃周围可燃物。

2017 年 12 月 3 日，北京市朝阳区十八里店乡白墙子村一村民自建房发生火灾，造成 5 人死亡，9 人受伤，经调查起火原因为楼梯口充电的电动自行车短路起火。

第八节　汽车故障火灾

随着社会进步与经济发展，汽车已成为人们生活必不可少的交通运输工具，给人民生活带来了方便和快捷，但与此同时汽车故障导致的火灾事故也随之增加。汽车故障火灾屡见不鲜，且此类火灾往往可燃物集中，起火快燃烧猛，当事人面对汽车火灾时往往措手不及，且车体燃烧的过程中也会产生有毒、有害烟雾，给人员安全疏散增加了难度，由此造成的经济损失和人员伤亡数量也十分巨大。大量火灾案例表明，汽车故障火灾主要有以下四大类。

一、电气故障引起的火灾

汽车内电气线路及电气设备是其重要组成部分，又是引起汽车起火的主要火源，在电气线路及电气设备上由于各种不同原因，使电气线路相接或相碰，电流突然增大，超过导线正常工作发热量，造成电气设备故障发热或将绝缘层引燃起火。汽车电气故障引起火灾的主要原因如下所述。

1. 电气线路短路引起火灾

电气线路用于各控制装置及传导装置，随着汽车的升级，车用导线越来越多，在车内有许多线束，贯穿整个车身。汽车长期使用，车上电气线路的绝缘层容易出现磨损、脆化、开裂或其他形式的破损，进而与金属导体打铁产生短路。此外，液体泄漏致使接插部位外绝缘材料的绝缘性能下降，或者接插部位受到挤压导致接插件松动或断裂，从而产生短路。特别是蓄电池引出线和启动机电缆等未经过线路保护装置的线路，其所通过的电流大，容易产生电弧。

2. 导线与电气设备连接处接触不良引起火灾

汽车在启动及行驶过程中，产生的振动极容易导致电气线路与电气设备之间的接头松动，造成接触不良。长时间的接触不良不仅会使接触点处发热量增大，进而导致接触电阻进一步增大，造成接触不良的恶性循环。严重的接触不良也是引发汽车电气线路过负荷、接触点打火等故障发生的主要原因。

✔3. 电气线路过负荷引起火灾

汽车上各部位电气线路都是按照各种电气设备的容量标准来选择导线截面积的。若接入额外的电气设备，特别是功率较大的设备，使导线过负荷运行，容易导致导线高温发热引起火灾。如在原线路中加报警器、防盗器、音响、增光器、电热垫等电气设备，致使线路过负荷起火。特别是在散热条件差的地方，如线束内部或仪表盘下方的导线经常发生这种现象，并且故障发生时，线路保护装置不会及时动作切断电路。部分汽车配备了自动调温的座椅加热器，线路故障可使加热元件持续工作，从而导致过热。

✔4. 汽车调节器中的逆流切断器故障引起火灾

逆流切换器失灵，失去切断逆向电流的作用，使蓄电池内的电流倒回发电机，进而引起发电机线圈发热产生高温起火。

✔5. 破碎灯泡的灯丝引起火灾

正常情况下，前照灯使用时其灯丝的温度为1400 ℃，但大部分灯丝只在真空或惰性气体中使用，暴露在空气中的灯丝只能使用数秒钟，而后烧熔断开，断开的灯丝不具备点火能力。但暴露的灯丝在遇到可燃气体或呈雾状的可燃液体时，可以迅速引起火灾。

二、油路系统故障引起的火灾

✔1. 输油管路松动或破损造成漏油引起火灾

汽车在使用过程中，由于腐蚀、碰撞、振动、老化等原因，出现管路接头松动、油路破损开裂或油开关关闭不严等现象，使燃油泄漏，与空气形成爆炸气体，遇到明火或发动机工作时产生的电弧火花引起燃烧或爆炸。图 3-12 所示为汽车油路示意图。

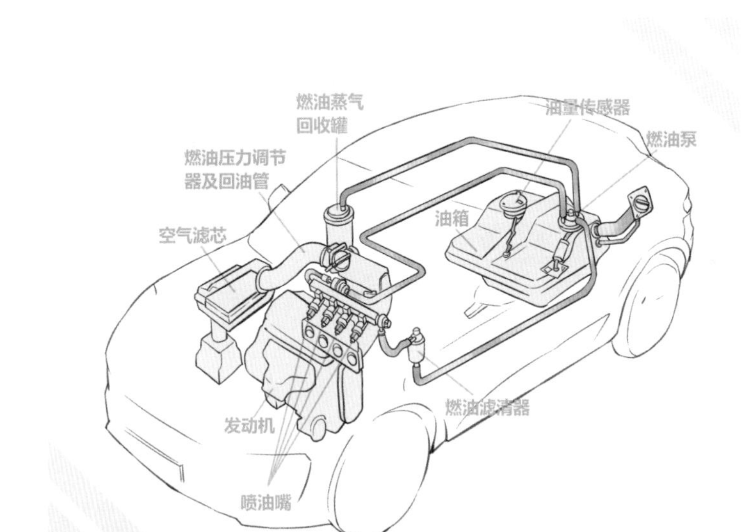

图 3-12　汽车油路示意图

2. 气缸内汽油燃烧不充分引起火灾

油路系统故障的另一种情况是混合气体过浓，或气缸窜油时，汽油在发动机气缸内不能充分燃烧，排气管排出浓烟火星，遇地面上或排气管上方的油污或其他易燃物品就能引起火灾。

3. 化油器回火引燃泄漏的汽油或混合气体

化油器回火是指发动机气缸内燃烧着的混合气从化油器喷出时引起勾油用的汽油起火的现象。车辆在行驶状态或启动时，均能出现化油器回火现象。化油器回火的主要原因是燃料与空气的混合气比例调节不当，气缸点火过早或点火顺序错乱造成车辆加速不足，若急剧加油也会产生化油器回火。

4. 车辆机油泄漏起火

车辆机油泄漏中以发动机机油居多，但也不乏因变速箱油、助力转向液泄漏引发的火灾案例。泄漏大多是因为油管破裂、连接处松动或出现龟裂、机油滤清器没有紧固或者密封损坏等。

三、机械故障引起的火灾

1. 润滑系统失效引起火灾

汽车发动机的润滑系统缺油，机件的表面相互接触做相对运动，摩擦产生高温，如接触可燃物可导致火灾。

2. 制动系统故障引起火灾

在汽车的制动系统中，摩擦片与制动鼓或制动盘之间由于摩擦产生了大量的热量，如果这种热量不因汽车的行驶而散失掉或因制动鼓、制动盘的适当通风而散失掉，就会聚积产生高温，而制动液温度的增加引起压力上升，如果造成制动油路的破裂，将制动液喷到热的制动鼓、制动盘上，就会被引燃。

3. 轮胎充气不足、超载引起火灾

汽车由于轮胎充气不足、超载或两者的综合效应，造成侧壁弯曲产生热量的速度要比汽车行驶中散发热量的速度快得多。这时，如果汽车停止行驶，不再起到散热作用，聚积的热量会很快使轮胎侧壁的温度上升而造成燃烧。

四、排气系统火灾

排气系统由排气管、催化转换器、消声器、尾管组成，由于汽车排出尾气温度很高，排气管的温度较高。存在发动机异常高

速、持续空转等现象时，排气管温度会迅速升高。当排气管接触可燃物时，可能引发火灾（图 3-13）。

图 3-13　排气管起火

案例

2007 年 1 月 6 日，河南省郑州市上街区铝业公司家属院内车棚一辆新购置的雪铁龙轿车发生火灾，导致该车报废，经调查起火原因为该车发动机舱前部电气线路故障。

2008 年 6 月 8 日，山东省临沂市一辆德国进口的价值约 1700 万元人民币的大吊车在临青高速公路行进过程中发生火灾，吊车前部被烧毁，造成特大损失，经过调查认定这起火灾是由该车启动机线路故障引起的。

2013 年 2 月 25 日，一辆奔驰 E200 轿车在青银高速公路上发生火灾，火灾调查发现起火部位位于轿车机舱右下方，起火原因为汽车排气管引燃发动机机油油尺管泄漏机油。

第九节　违规携带易燃易爆物品

易燃易爆品指具有爆炸、易燃、毒害、腐蚀、放射性等危险物质，在一定条件下能引起燃烧、爆炸，导致人员伤亡和财产损失等事故的化学物品。易燃易爆物品具有较大的火灾危险性，一旦发生火灾，往往危害大、影响大、损失大、扑救困难。易燃易爆物品可分为气体、液体、固体和粉尘四类，常见的典型的易燃易爆物品有汽油、柴油、双氧水、烟花爆竹、炸药等。除此之外，一些日常用品也属于易燃易爆物品的范畴，如高度酒、打火机、发胶、香水、空气清新剂等，容易被人们忽视。这些物品大多化学性质活泼，一旦遭遇明火，极易引发火灾，特别是在炎热的夏天和气候干燥的冬天，一些易燃易爆品更容易着火。

我国一系列相关法律法规对违规携带易燃易爆危险品的行为明确提出要严令禁止,《中华人民共和国治安管理处罚法》和《危险化学品安全管理条例》规定，严禁携带易燃易爆物品及其他危险品乘坐公交车、长途客运机车等公共安全交通工具，如图 3-14 所示;《中华人民共和国消防法》规定，禁止非法携带易燃易爆品进入公共场所或者乘坐公共交通工具。

图 3-14　禁止携带危险品

携带易燃易爆物品乘坐公共交通工具十分危险。例如：公共电汽车在正常行驶过程中车门紧闭，大部分车窗关闭，形成一个有限的封闭空间，在乘客较多时，空间更为狭小，而装有易燃易爆危险品的容器，很有可能因为人流拥挤、车门轧压、高温下强度差等原因变形受损，致使易燃易爆危险品挥发、洒落，在高温狭小空间内，易燃易爆蒸气在短时间内就能达到爆炸极限，一旦遇到火星，就会酿成惨祸。此外，商场等人群密集场所，加油加气站、化工企业、油库等生产、储存易燃易爆物品的场所也严禁携带易燃易爆危险品，否则一旦发生火灾或爆炸事故，火灾发展十分迅猛，冲击力大，破坏区域广，人员疏散困难，将会造成不可挽回的经济损失和人员伤亡。

案例

2019 年 3 月 22 日，湖南省常长高速公路上一辆旅游大巴车突然起火，造成 26 人死亡，28 人受伤，起火原因为该车乘客非法携带烟火药乘车引发客车爆燃。

第十节　烟花爆竹引发火灾

每逢节日或者喜事的时候，人们喜欢燃放烟花爆竹来增添欢乐的气氛，这是我国的一个传统风俗。但是燃放烟花爆竹不仅会产生大量的有毒、有害气体，造成很严重的空气污染，还存在严重的火灾隐患。

烟花爆竹火灾的引发主要有以下几种原因：

（1）生产加工过程中发生火灾。一些个体手工作坊生产烟花爆竹，由于厂房安全性能差、安全意识淡薄、违规作业等原因，造成火灾爆炸事故。

（2）储存、运输过程中发生火灾。烟花爆竹的储存需要遵循专门的安全措施和安全规定，但是有些企业违规储存烟花爆竹，安全规定落实不到位。运输烟花爆竹需要用专用的车辆，但是有人私自运输，甚至携带烟花爆竹乘坐公共交通工具，带来极大隐患。

（3）燃放过程中发生火灾。有些人（以小孩为主）采取手持等错误的方法燃放烟花爆竹，或者选择在人员密集场所、柴草堆垛等可燃物集中场所和加油站等易燃易爆物品存放场所燃放烟花爆竹，这些行为都十分危险。

此外，市场上存在一些违规生产、质量不达标的烟花爆竹，也是事故多发的一个重要原因。近年来，由于燃放烟花爆竹导致的火灾、爆炸事故层出不穷。图 3-15 所示为燃放烟花爆竹危险性示意图。

图 3-15　燃放烟花爆竹危险性示意图

案例

2017 年 1 月 24 日，湖南省岳阳市一鞭炮买家在店铺试放鞭炮，导致中南大市场一爆竹店爆炸，事故造成 6 人死亡。

2019 年 2 月 5 日，广西壮族自治区融安县大良镇大良街一非法销售烟花爆竹的店铺发生火灾，造成 5 人死亡，起火原因为店主凌晨在店铺门口燃放鞭炮，余火未及时扑灭，不久后引起店铺外摊位的易燃物阴燃，导致烟花爆竹燃烧造成火灾。

第十一节　雷击火灾

雷击火灾是由于雷电的破坏作用引起可燃物燃烧或爆炸的一种自然灾害，如图 3–16 所示。

图 3–16　雷电火灾示意图

雷击造成火灾主要源于以下五种雷电效应：电效应、热效应、机械效应、磁效应和静电感应。

一、电效应

雷击点附近的峰值电流可达 100 kA 或以上，雷击在架空线路、金属管道上会产生冲击电压，雷电波沿线路或管道迅速传播，若侵入建筑物内，易造成电气装置和电气线路绝缘层击穿，导致短路引起火灾。

二、热效应

雷电通道的温度可达几千摄氏度，巨大的雷电流通过导体，在极短的时间内转换成大量的热能，造成易爆品燃烧或造成金属熔化、飞溅而引起火灾或爆炸事故。

三、机械效应

雷电击中树木、烟囱或建筑物时，强大的雷电流瞬时在其内部产生大量热能，使其内部水分急剧蒸发为大量气体，气体剧烈膨胀，因而在被击物体内部出现强大的机械压力，致使被击物受到严重破坏或发生爆炸。

四、磁效应

一般一次闪电可产生数以万计的电流脉冲并同时向周围空间辐射电磁波，强大的感应过电压和脉冲电流可能使线路、设备损坏，使通信受到干扰。

五、静电感应

当金属等物体处于雷云与大地形成的电场中时，金属物体上会感应出大量电荷，当雷云放电后，金属物体感生积累的电荷来不及逸散，从而产生几万伏的高压，可以击穿十几厘米的空气间隙，造成火花放电。

案例

2019年3月30日，四川省凉山彝族自治州木里县的一起森林雷击火灾，火灾共造成31人遇难死亡（其中，森林消防员27人，地方干部群众4人），经调查起火原因为山脊上一棵高约18 m、树围约250 cm的云南松遭遇雷击，树干被撕裂，闪电经树干传导至地下，引燃地表腐殖层。

第十二节 自　燃

自燃是指物质在空气中，常温常压下，由于自身热量的积蓄发生化学反应、生物作用或物理变化过程，在没有外来火源作用的情况下发生燃烧的现象。按自燃性物质自燃时的特点和自燃机理，可将自燃性物质分为五类：氧化放热物质、分解放热物质、吸附生热物质、聚合放热物质、发酵放热物质。

一、氧化放热物质

此类物质与空气中的氧发生氧化放热。

1. 油脂类物质

油脂类物质因含不饱和双键，能氧化生热，主要包括大豆油、菜籽油、向日葵油等植物油类和沙丁鱼油、鲨鱼油等鱼油类。

2. 低自燃点物质

低自燃点物质与空气中氧反应的活化能为零或者很小，在常温常压的条件就以极快的速度氧化。它们的自燃点低于常温或较低，一旦接触空气，自燃很快就会发生。常见的低自燃点物质包括：黄磷、白磷、液态联磷、甲硅烷、乙硅烷、三乙基铝、二甲基锌等。例如，三乙基铝自燃点为 −52.5 ℃，白磷自燃点为 40 ℃。

3. 金属粉末类物质

常见的氧化放热金属粉末包括锌、铝、锆、锡、铁，以及这些金属的合金粉末和碎屑。

4. 其他氧化放热物质

其他常见的氧化放热物质有煤、黄铁矿、橡胶、棉籽、涂料渣、含油切屑、废蚕丝、含油白土、骨粉和鱼粉等。

二、分解放热物质

硝化棉、赛璐珞、硝化甘油和硝化棉漆片等及其制品，它们易发生分解而生热，这类物质称为分解放热物质。

三、吸附生热物质

活性炭表面吸附空气生热。炭粉类既能吸附空气生热，又能与吸附的氧进行氧化反应生热。这类物质主要有活性炭、木炭、炭灰、油烟等粉末。

四、聚合放热物质

丙烯、苯乙烯、异戊间二烯、液化氰化氢、甲基丙烯酸甲酯、乙烯基乙炔等单体在缺少阻聚剂，或混入活性催化剂、受热光照射时会自动聚合生热，这类物质称为聚合放热物质。

五、发酵生热物质

常见的植物棵秆、酒糟、棉籽皮、红薯干等，当含有一定水分，在一定温度下，在微生物的作用下发酵生热，当达到70~80 ℃时，再经过吸附、氧化等生热过程生成更多热量，若成堆成垛，蓄热条件良好，易达到自燃点引起火灾。

自燃性物质要想自燃必须达到良好的热量积蓄条件，且体系内部产生的热量要大于向外部散失的热量。自燃火灾多发生于夏季，因为夏季温度高，空气干燥，可促进可燃物热量的聚积，当可燃物热量积蓄到一定程度，产生的热量大于散发的热量时，就会发生自燃。

案例

1992年3月22日，天津市乒乓球厂发生火灾，造成9人死亡，直接导致该厂破产，经调查起火原因为制造乒乓球的原料赛璐珞长期受潮和高温作用自燃。

1993年8月5日，广东省深圳市安贸危险物品储运公司清水河危险品仓库发生一起爆炸事故，共造成15人死亡，873人受伤，直接损失2.5亿元，爆炸原因为天气炎热，4号仓库内储存的硫化钠热解流淌，与过硫酸铵混触发生氧化反应爆炸，爆炸的能量波及周围易燃易爆物品，进而触发第二次爆炸。

2015年8月12日，天津港危化品爆炸事故也是由于储存的危险化学品自燃而引起的。

第十三节　静电火灾

静电主要是指两种不同物体紧密接触并迅速分离时，由于两种物体对电子约束能力不同，物体间产生电子转移，使两种物体分别带上不同电荷的现象。固体相互摩擦、接触时产生的静电称为固体静电；液体在流动、搅拌、过滤、喷射时产生的静电称为液体静电；粉体在研磨、搅拌、输送等过程中产生的静电称为粉体静电；气体在管道内加压流动产生的静电称为气体静电，当气体内存在蒸汽、粉尘、液滴等杂质时，静电电压更大。

静电放电是自然界存在的一种物理现象，冬季干燥季节在生活中经常有静电放电产生。静电放电，需要具备静电产生、积累和放电的条件。由于静电放电会释放一定的能量，当放电点存在处于爆炸极限范围内的混合性气体或粉尘时，且放电能量达到混合性气体或粉尘的最小点火能量，会发生静电火灾（图3–17）。人体是静电导体，例如，冬季北方干燥地区脱毛衣时会出现电火花，手接触金属物品时会有触电感觉，这些都是静电放电现象。人体电容为150~350 pF，如果人体带上数千伏的静电电压，放电时一般是火花放电，能量可达0.2 mJ，足以引燃饱和烃及其衍生物，所以在爆炸危险场所，人体静电的危害很大。

图 3-17　静电火灾示意图

案例

2007 年 7 月 17 日，美国堪萨斯州巴顿溶剂厂发生爆炸，这是一起从油罐车向油罐卸油过程中发生的爆炸。一辆装有石脑油的车往油罐中卸油，由于石脑油是非导电液体，在石脑油流动过程中产生的静电积聚，发生放电时产生的电火花引发爆炸，造成整个油库爆炸烧毁。

2019 年 8 月 9 日 12 时 30 分左右，深圳市龙岗区一轮胎店突然发生一声爆响，随后起火，造成 4 人死亡。调查发现，火灾的原因是员工在维修汽车过程中，将拆卸油箱内的汽油倒入塑料桶，移动塑料桶时产生静电火花，引燃汽油蒸气造成火灾。

第十四节　放　火

在社会和经济的发展中，存在着各种纠纷和矛盾，当矛盾激化时，可能引发放火案件。放火犯罪的动机一般有以下五种。

一、为了获取利益放火

放火的目的是获得直接利益或者间接利益，一般表现为骗取

保险、逃避债务和不正当竞争等。

> **案例**
>
> 某市一家KTV发生火灾，调查发现，由于这家店紧挨着另一家KTV，且生意远好于对方，对方的老板指使员工在凌晨实施放火。

二、蓄意破坏放火

有些人对社会不满，仇视现行制度或政策，对公共设施或者不特定对象实施放火破坏。

三、报复泄愤放火

有的人对生活或工作中的某些人或事情不满，如邻里纠纷、婚恋破裂、上下级矛盾或简单的口角和纠纷等，以放火形式实施报复。

四、破坏犯罪证据放火

有些犯罪嫌疑人为了隐瞒犯罪事实，毁坏犯罪证据而实施的放火，如杀人放火、销毁账目放火等。

五、寻求刺激放火

一些精神病患者或者青少年很难确定放火动机，仅仅为了寻求刺激而实施放火。

一般放火案件具有有预谋、有准备的特点，多使用助燃剂或者易燃物品，会造成巨大的破坏，甚至会造成大量人员伤亡。

> **案例**
>
> 2019年7月18日10时35分左右，日本京都动画的工作室发生火灾，案件造成多人死亡。据报道，该案件是一名男子在现场泼洒汽油后实施放火。